Abdelhafid Mimouni

Imersão da espetroscopia XAS em Bioinorgânica

Abdelhafid Mimouni

Imersão da espetroscopia XAS em Bioinorgânica

ScienciaScripts

Imprint
Any brand names and product names mentioned in this book are subject to trademark, brand or patent protection and are trademarks or registered trademarks of their respective holders. The use of brand names, product names, common names, trade names, product descriptions etc. even without a particular marking in this work is in no way to be construed to mean that such names may be regarded as unrestricted in respect of trademark and brand protection legislation and could thus be used by anyone.

Cover image: www.ingimage.com

This book is a translation from the original published under ISBN 978-613-8-43947-9.

Publisher:
Sciencia Scripts
is a trademark of
Dodo Books Indian Ocean Ltd. and OmniScriptum S.R.L publishing group

120 High Road, East Finchley, London, N2 9ED, United Kingdom
Str. Armeneasca 28/1, office 1, Chisinau MD-2012, Republic of Moldova, Europe
Printed at: see last page
ISBN: 978-620-8-26496-3

Stress oxidativo em Streptococcus buccale

Autor : Dr. Abdelhafid Mimouni

Investigador independente em química bioinorgânica, o Dr. Mimouni é especialista em síntese e caraterização macromolecular. Obteve o seu doutoramento em Química pela Universidade de Paris XII em 1997, após um Diplôme des Études Approfondies em Sistemas Bioinorgânicos pela Universidade de Paris XI em 1993, onde também obteve a sua Licenciatura e Mestrado em Química.

Resumo: Este estudo explora o stress oxidativo em *Streptococcus buccale*, destacando o seu papel na patogénese e na produção de toxinas. O stress oxidativo, gerado por factores internos e externos, influencia a virulência desta bactéria. As metaloenzimas como a superóxido dismutase e a catalase actuam como defesas antioxidantes, protegendo a bactéria das espécies reactivas de oxigénio. As toxinas produzidas, nomeadamente as exotoxinas, afectam as células do hospedeiro, com implicações potencialmente neurológicas. A acumulação destas toxinas no cérebro pode ter efeitos adversos na saúde cognitiva. A interação entre o stress oxidativo e a produção de toxinas realça a importância da investigação futura para desenvolver tratamentos específicos. Os resultados também indicam ligações significativas com várias doenças orais e neurológicas, reforçando a importância de uma abordagem integrada da saúde.

Esboço do livro:

Introdução

O stress oxidativo é uma condição biológica caracterizada por um desequilíbrio entre a produção de espécies reactivas de oxigénio (ROS) e a capacidade do organismo para neutralizar os seus efeitos nocivos através de mecanismos antioxidantes. As ERO, que incluem os radicais livres e outras moléculas oxidantes, desempenham um papel crucial em vários processos biológicos, mas a sua acumulação excessiva pode provocar danos nas células, nas proteínas e no ADN. Este fenómeno é reconhecido como um fator que contribui para inúmeras patologias, como as doenças cardiovasculares, a diabetes e as doenças neurodegenerativas.

No domínio da microbiologia oral**, o Streptococcus buccale** destaca-se pelo seu importante papel. Presente na flora microbiana da cavidade oral, esta bactéria contribui para o equilíbrio do ecossistema oral, estando também associada a patologias como a cárie dentária e as infecções periodontais. O que a torna particularmente relevante é a sua capacidade de gerar e responder ao stress oxidativo.

O estudo dos mecanismos de stress oxidativo em **Streptococcus buccale** é essencial para compreender como esta bactéria interage com o seu ambiente, modifica a sua virulência em resposta ao stress e influencia a saúde oral e sistémica. O objetivo deste livro é explorar os efeitos do stress oxidativo no **Streptococcus buccale** e as implicações para a saúde.

Capítulo 1: Introdução ao Streptococcus buccale

Morfologia e classificação

O Streptococcus buccale é uma bactéria Gram-positiva pertencente à família Streptococcaceae. A sua morfologia caracteriza-se por uma forma esférica ou oval, agrupando-se frequentemente em cadeias ou pares. O tamanho destas bactérias varia geralmente entre 0,5 e 1,0 µm de diâmetro. Como espécie do género Streptococcus**, o S. buccale** partilha caraterísticas com outros estreptococos, mas distingue-se pela sua adaptação específica ao ambiente oral.

Os estreptococos são classificados de acordo com a sua hemólise num meio de cultura. Embora **o S. buccale** seja principalmente não hemolítico, a sua classificação precisa pode ser influenciada por testes bioquímicos e moleculares, incluindo a análise genética. Isto permite uma melhor compreensão do seu papel e das interações com outras espécies bacterianas presentes na cavidade oral.

Habitat e papel na cavidade oral

O Streptococcus buccale está amplamente presente na cavidade oral, onde coloniza as superfícies dentárias, as membranas mucosas e as gengivas. Como membro da flora microbiana normal, esta bactéria desempenha um papel essencial na manutenção do equilíbrio oral. Participa na digestão inicial dos hidratos de carbono, decompondo os açúcares complexos, o que contribui para a nutrição do hospedeiro.

Além disso, **a S. buccale** ajuda a proteger contra outros agentes patogénicos, produzindo substâncias antimicrobianas e ocupando nichos ecológicos, limitando assim a colonização de agentes patogénicos.

No entanto, em determinadas condições, como uma higiene oral inadequada, um desequilíbrio da flora microbiana pode favorecer a proliferação **de Streptococcus buccale**. Quando esta bactéria se multiplica excessivamente, pode produzir ácidos ao fermentar os açúcares presentes na boca. Estes ácidos podem então desmineralizar o esmalte dos dentes, provocando cáries e outras infecções orais como a gengivite e a periodontite.

Assim, embora **S. buccale** seja um componente normal da flora oral, o seu papel na saúde e na doença depende do delicado equilíbrio do ecossistema oral. Uma compreensão completa desta dinâmica é essencial para o desenvolvimento de estratégias de prevenção e tratamento de doenças orais.

Capítulo 2: Mecanismos do stress oxidativo

Fontes de stress oxidativo

O stress oxidativo em **Streptococcus buccale** provém de várias fontes, tanto internas como externas. Os processos metabólicos internos, incluindo a respiração celular, geram espécies reactivas de oxigénio (ROS), incluindo superóxidos e peróxidos. Estas ERO são subprodutos normais do metabolismo celular, mas a sua acumulação excessiva pode danificar biomoléculas, incluindo lípidos, proteínas e ADN.

Além disso, os factores ambientais podem exacerbar a produção de ERO. A exposição a agentes patogénicos, como outras bactérias ou vírus, pode induzir uma resposta inflamatória que aumenta a produção de ERO. Do mesmo modo, a exposição à luz ultravioleta ou a produtos químicos nocivos (como antibióticos ou desinfectantes) também pode causar stress oxidativo. Este stress pode alterar a função celular e influenciar a virulência **do Streptococcus oral**, sublinhando a importância de compreender estas fontes no contexto da saúde oral.

Mecanismos de deteção e resposta ao stress

A bactéria Streptococcus buccale possui mecanismos sofisticados para detetar e responder ao stress oxidativo. Estas bactérias utilizam sistemas de sinalização intracelular que lhes permitem avaliar os níveis de ROS. Por exemplo, proteínas reguladoras específicas podem detetar alterações nas concentrações de ROS e ativar vias de sinalização que desencadeiam respostas adaptativas.

Em resposta ao aumento do stress, **o Streptococcus buccale** ativa genes específicos que codificam proteínas de defesa. Entre estas, a superóxido dismutase (SOD) desempenha um papel fundamental, convertendo os superóxidos em peróxido de hidrogénio, um composto menos nocivo. Outras enzimas antioxidantes são igualmente mobilizadas, permitindo às bactérias reforçar as suas defesas contra o stress oxidativo.

Papel das metaloenzimas

As metaloenzimas, em particular a superóxido dismutase (SOD), são cruciais para a defesa do **Streptococcus buccale** contra o stress oxidativo. A SOD catalisa a conversão de superóxidos em peróxido de hidrogénio, proporcionando uma primeira linha de defesa. Embora algumas estirpes de **Streptococcus** não possuam catalase, a enzima que decompõe o peróxido de hidrogénio em água e oxigénio, podem ter outros sistemas enzimáticos para neutralizar este composto. Por exemplo, as peroxidases e a glutationa peroxidase (GPx) podem estar presentes, desempenhando um papel complementar na degradação dos ERO.

A GPx, em particular, é importante porque utiliza o glutatião para reduzir o peróxido de hidrogénio, protegendo assim a célula dos danos oxidativos. A presença e a atividade destas enzimas antioxidantes são essenciais para a sobrevivência e a virulência **do Streptococcus buccale** num ambiente oral frequentemente rico em stress oxidativo.

Conclusão do capítulo

Este capítulo destaca os mecanismos de defesa do **Streptococcus buccale** contra o stress oxidativo, sublinhando a importância destes processos na sobrevivência e virulência desta bactéria na cavidade oral. A capacidade de detetar e responder eficazmente ao stress oxidativo é crucial para manter o equilíbrio no ecossistema oral. Uma melhor compreensão destes mecanismos poderá abrir caminho a estratégias terapêuticas que visem atenuar os efeitos nocivos do stress oxidativo na saúde humana, nomeadamente no que respeita às infecções orais e doenças associadas.

Capítulo 3: Metaloenzimas e sistemas antioxidantes

Papel da superóxido dismutase (SOD)

A superóxido dismutase (SOD) é uma metaloenzima essencial presente no **Streptococcus buccale**. Catalisa a dismutação de superóxidos (O_2-) em peróxido de hidrogénio (H_2O_2) e oxigénio (O_2). Este processo é de importância vital, uma vez que os superóxidos são moléculas particularmente reactivas que podem causar danos significativos nas membranas celulares, nas proteínas e no ADN. Ao reduzir os níveis de superóxido, a SOD desempenha um papel protetor crucial na manutenção da integridade celular e da sobrevivência bacteriana.

A atividade da SOD é regulada em função dos níveis de ROS presentes no ambiente. Quando é detectado um aumento dos níveis de superóxido, **a Streptococcus buccale** ativa os genes associados à SOD, assegurando uma resposta rápida e eficaz ao stress oxidativo. Este mecanismo de defesa é fundamental para a resistência da bactéria às condições ambientais desfavoráveis encontradas na cavidade oral.

Mecanismos de proteção contra as espécies reactivas de oxigénio (ROS)

Para além da SOD**, a Streptococcus buccale** utiliza vários sistemas antioxidantes para se proteger dos ERO:

1. **Catalase**: Embora algumas estirpes de **Streptococcus** não a possuam, a catalase é uma enzima chave que decompõe o

peróxido de hidrogénio em água e oxigénio. Este processo contribui significativamente para a proteção contra os danos oxidativos, reduzindo a toxicidade do peróxido de hidrogénio, um produto intermédio gerado pela SOD.

2. **Glutatião peroxidase (GPx)**: Esta enzima utiliza o glutatião, um potente antioxidante, para reduzir o peróxido de hidrogénio. A GPx oferece assim uma proteção adicional contra o stress oxidativo, neutralizando os peróxidos e minimizando o risco de danos celulares.
3. **Metalotioneínas**: Estas pequenas proteínas com a capacidade de se ligarem a iões metálicos desempenham um papel importante na desintoxicação e na proteção contra o stress oxidativo. Ligam-se aos metais pesados e aos radicais livres, reduzindo os efeitos nocivos destes elementos na célula.

Estes sistemas antioxidantes não funcionam isoladamente; fazem parte de uma rede complexa de respostas celulares destinadas a manter a homeostasia. A sua interação reforça a resistência do **Streptococcus buccale** ao stress oxidativo.

Interações com outras vias metabólicas

Os sistemas antioxidantes de **Streptococcus buccale** também interagem com outras vias metabólicas. Por exemplo, a regulação do metabolismo do ferro é crucial, uma vez que níveis excessivos de ferro podem promover a produção de ROS através da reação de Fenton, em que o ferro catalisa a conversão do peróxido de hidrogénio em radicais hidroxilo, espécies ainda mais reactivas. Isto realça a importância de as bactérias equilibrarem a sua aquisição e armazenamento de ferro, mantendo simultaneamente mecanismos de defesa eficazes.

Além disso, o metabolismo do glutatião, um antioxidante essencial, está intimamente ligado às vias de síntese de aminoácidos e à resposta ao stress. A utilização dos precursores do glutatião pode ser modulada de acordo com as necessidades da célula, permitindo uma adaptação rápida às variações do stress oxidativo.

Conclusão

Este capítulo explorou o papel central das metaloenzimas e dos sistemas antioxidantes na defesa de **Streptococcus buccale** contra o stress oxidativo. A compreensão destes mecanismos realça a importância das enzimas antioxidantes na virulência e sobrevivência bacterianas. Além disso, este conhecimento pode oferecer potenciais vias para o desenvolvimento de terapias específicas destinadas a aliviar as infecções orais, visando as vias de proteção bacteriana e melhorando a saúde oral.

Capítulo 4: Toxinas produzidas por Streptococcus

Tipos de toxinas

O Streptococcus buccale produz vários tipos de toxinas que desempenham um papel crucial na sua virulência e interação com o hospedeiro. Estas toxinas incluem :

1. **Exotoxinas**: Estas proteínas segregadas **pelo Streptococcus buccale** têm vários efeitos citotóxicos nas células hospedeiras. Incluem enzimas como as estreptolisinas, que são capazes de lisar glóbulos vermelhos e outros tipos de células, causando danos nos tecidos. Estas exotoxinas podem também modular a resposta imunitária, facilitando a evasão dos mecanismos de defesa do hospedeiro.
2. **Toxinas das membranas**: Algumas estirpes **de Streptococcus buccale** são capazes de produzir toxinas que rompem as membranas celulares. Estas toxinas podem causar danos nos tecidos, promovendo a inflamação e a infeção na cavidade oral. A sua ação pode enfraquecer a integridade dos tecidos, o que pode ter consequências clínicas significativas.

Mecanismos de ação e impacto nas células hospedeiras

As toxinas produzidas pelo **Streptococcus buccale** actuam através de vários mecanismos, afectando diretamente as células hospedeiras:

1. **Lise celular**: As estreptolisinas, por exemplo, ligam-se às membranas celulares das células hospedeiras e forçam a formação de poros. Esta rutura da integridade da membrana leva à morte celular, permitindo que as bactérias se espalhem e infectem os tecidos circundantes.
2. **Inflamação**: As toxinas podem também induzir uma resposta inflamatória. Ao desencadear a libertação de citocinas pró-inflamatórias, exacerbam os danos nos tecidos. Esta resposta imunitária pode, por sua vez, favorecer um ambiente propício à colonização e sobrevivência das bactérias.
3. **Perturbação da sinalização celular**: Algumas toxinas têm a capacidade de interferir com as vias de sinalização intracelular das células hospedeiras. Ao perturbar estas vias, comprometem o funcionamento normal das células, o que pode levar à disfunção celular e a consequências patológicas a longo prazo.

Estes mecanismos de ação sublinham o potencial patogénico do **Streptococcus buccale** e a sua capacidade de causar doenças orais. A capacidade da bactéria para produzir estas toxinas e manipular as respostas imunitárias é um fator-chave da sua virulência.

Conclusão do capítulo

Este capítulo destacou os diferentes tipos de toxinas produzidas pelo **Streptococcus buccale** e os seus mecanismos de ação. As exotoxinas e as toxinas de membrana desempenham um papel fundamental na patogenicidade da bactéria, facilitando a sua invasão e contribuindo para as doenças orais. A compreensão destas toxinas e do seu impacto no hospedeiro é essencial para o desenvolvimento de estratégias de prevenção e tratamento eficazes contra as infecções orais associadas a esta bactéria.

Capítulo 5: Penetração das toxinas no cérebro

Mecanismos de transporte e acumulação de toxinas no sistema nervoso

A capacidade das toxinas produzidas pelo **Streptococcus buccale** de penetrar no cérebro suscita grandes preocupações em termos de saúde neurológica. Os mecanismos envolvidos neste processo são complexos e merecem uma atenção especial:

1. **Transporte sanguíneo**: As toxinas podem entrar na corrente sanguínea a partir de locais de infeção oral. Uma vez no sangue, podem atravessar a barreira hemato-encefálica (BBB) por difusão passiva, dependendo do seu tamanho e solubilidade, ou através de transportadores específicos que facilitam a sua passagem. Este mecanismo é particularmente preocupante, pois permite que as toxinas atinjam o sistema nervoso central (SNC), onde podem ter efeitos deletérios.
2. **Inflamação local**: A presença de toxinas na cavidade oral pode desencadear uma resposta inflamatória, levando à libertação de mediadores pró-inflamatórios. Estas substâncias podem alterar a permeabilidade da BHE, facilitando a entrada não só de toxinas mas também de agentes patogénicos no SNC. A inflamação crónica também pode contribuir para a degradação da integridade da BHE, aumentando o risco de neuroinvasão.

3. **Invasão neuronal**: Algumas estirpes **de Streptococcus buccale** têm a capacidade de invadir diretamente as células nervosas. Ao penetrar nos neurónios, podem transportar as suas toxinas para o interior destas células, onde podem causar danos significativos. Esta invasão neuronal representa um modo de ação direto que complica ainda mais os mecanismos de defesa do hospedeiro.

Efeitos neurológicos e impacto na saúde cognitiva

A acumulação de toxinas no cérebro pode levar a uma série de consequências neurológicas preocupantes:

1. **Neurotoxicidade**: As toxinas podem causar danos celulares nos neurónios, levando à morte celular e à disfunção neuronal. Estes efeitos podem manifestar-se sob a forma de défice cognitivo, perda de memória e alterações comportamentais.
2. **Desequilíbrio neuroquímico**: Ao interferir com a libertação de neurotransmissores, as toxinas podem influenciar o humor, a cognição e outras funções neurológicas essenciais. Este desequilíbrio pode resultar em sintomas como ansiedade, depressão ou perturbações do humor.
3. **Doenças neurodegenerativas**: A exposição crónica a toxinas **de Streptococcus buccale** poderia contribuir para o desenvolvimento de doenças neurodegenerativas, como a doença de Alzheimer ou

outras formas de demência. Ao induzir o stress oxidativo e a inflamação no cérebro, estas toxinas podem promover processos patológicos associados à degeneração neuronal.

Conclusão

Este capítulo explorou os mecanismos pelos quais as toxinas **do Streptococcus buccale** podem entrar no cérebro e os potenciais efeitos adversos na saúde neurológica. A compreensão destes processos é crucial para estabelecer ligações entre as infecções orais e as doenças neurológicas. Ao identificar as vias pelas quais estas toxinas interagem com o sistema nervoso central, é possível orientar melhor as intervenções terapêuticas para prevenir ou atenuar as consequências neurológicas das infecções orais.

Capítulo 6: Interações entre o stress oxidativo e a produção de toxinas

Influência do stress oxidativo na produção de toxinas

O stress oxidativo desempenha um papel fundamental na regulação da produção de toxinas pelo **Streptococcus buccale**. O aumento dos níveis de espécies reactivas de oxigénio (ROS) no ambiente celular pode ativar várias vias de sinalização intracelular, levando a um aumento da expressão de genes específicos para a produção de toxinas. Esta interação complexa entre o stress oxidativo e a produção de toxinas pode ser descrita da seguinte forma:

1. **Ativação da resposta ao stress**: As condições de stress oxidativo desencadeiam uma resposta adaptativa em **Streptococcus buccale**. Factores de transcrição como o Nrf2 (Nuclear fator erythroid 2-related fator 2) são activados em resposta ao aumento das ROS. O Nrf2 não só regula a produção de proteínas antioxidantes que ajudam a neutralizar o stress oxidativo, como também influencia a expressão de genes que codificam certas toxinas. Desta forma, o stress oxidativo pode estimular os mecanismos de defesa e favorecer a produção de toxinas, criando um equilíbrio delicado.
2. **Feedback**: As toxinas produzidas pelo **Streptococcus buccale** podem, elas próprias, gerar stress oxidativo adicional no hospedeiro. Por exemplo, ao causar danos celulares, estas toxinas aumentam a libertação de ROS, alimentando um círculo vicioso.

Este feedback não só amplifica a virulência da bactéria, como também complica a resposta imunitária do hospedeiro, tornando mais difícil combater a infeção.

O papel das toxinas na agressividade e virulência

As toxinas produzidas pelo **Streptococcus buccale** são essenciais para a sua patogenicidade. Contribuem para vários aspectos da agressividade e da virulência desta bactéria, nomeadamente :

1. **Danos nos tecidos**: As toxinas têm a capacidade de degradar os tecidos do hospedeiro. Por exemplo, certas exotoxinas podem lisar células e causar necrose tecidular. Este dano facilita a invasão bacteriana, permitindo que **o Streptococcus buccale** se espalhe e exacerbe a inflamação nos tecidos circundantes. Este processo pode levar a infecções mais graves e a complicações clínicas.
2. **Evasão imunitária**: As toxinas também desempenham um papel crucial na evasão imunitária. Algumas delas podem inibir as respostas imunitárias inatas e adaptativas, perturbando a sinalização das células imunitárias ou neutralizando as citocinas. Isto permite que as bactérias persistam e se multipliquem na cavidade oral, aumentando o seu potencial patogénico.
3. **Interação com o microbioma**: A produção de toxinas pelo **Streptococcus buccale** influencia não só o seu ambiente imediato,

mas também a composição global do microbioma oral. Ao favorecer um ambiente mais ácido e ao eliminar certas espécies concorrentes, **a Streptococcus buccale** cria um ambiente propício à sua própria colonização e à de outros agentes patogénicos. Esta interação pode exacerbar os desequilíbrios microbianos, aumentando o risco de infecções orais e de complicações sistémicas.

Conclusão

Este capítulo examinou as interações complexas entre o stress oxidativo e a produção de toxinas pelo **Streptococcus buccale**. A compreensão destas interações é essencial para entender melhor a forma como esta bactéria contribui para as doenças orais e as suas potenciais implicações neurológicas. Ao revelar os mecanismos através dos quais o stress oxidativo influencia a virulência e a produção de toxinas, podemos prever novas abordagens terapêuticas para prevenir e tratar infecções associadas ao **Streptococcus buccale**.

Capítulo 7: Consequências e implicações clínicas

Relação entre o stress oxidativo, as toxinas e as doenças orais e neurológicas

A ligação entre o stress oxidativo, a produção de toxinas pelo **Streptococcus buccale** e o aparecimento de várias doenças está bem documentada e merece uma atenção especial. Esta ligação manifesta-se significativamente em várias patologias orais, bem como em condições neurológicas:

1. **Cárie dentária**: A formação de cárie dentária é exacerbada pela degradação dos tecidos dentários causada pela ação de toxinas. **O Streptococcus buccale**, ao produzir ácidos durante o seu metabolismo, contribui para a desmineralização do esmalte dentário. Na presença de stress oxidativo, esta degradação é acelerada, uma vez que as ROS promovem a inflamação e prejudicam a capacidade de reparação dos tecidos dentários. A formação de biofilmes, muitas vezes enriquecidos com esta bactéria, também promove a persistência das cáries.
2. **Gengivite e periodontite**: As doenças das gengivas, como a gengivite e a periodontite, também são influenciadas pelo stress oxidativo e pelas toxinas. Estas desencadeiam respostas inflamatórias intensas, levando à destruição dos tecidos que suportam os dentes. A inflamação crónica associada a estas condições pode ser exacerbada pelas ROS, que prejudicam a

função das células imunitárias e pioram a resposta inflamatória, criando um círculo vicioso.

Em termos de implicações neurológicas, o stress oxidativo e as toxinas desempenham um papel crucial na :

1. **Demência**: Estudos epidemiológicos mostram uma associação entre as infecções orais e o aparecimento de doenças neurodegenerativas, como a doença de Alzheimer. O stress oxidativo induzido pela infeção pode causar danos neuronais e promover a acumulação de proteínas tóxicas, como a amiloide, aumentando assim o risco de demência.
2. **Perturbações cognitivas**: A acumulação de toxinas no cérebro tem um impacto direto na função cognitiva. Estas toxinas podem perturbar os neurotransmissores, causar alterações sinápticas e afetar a plasticidade neuronal, contribuindo assim para as perturbações cognitivas e o declínio cognitivo geral.

Abordagens terapêuticas e preventivas

A compreensão dos mecanismos de interação entre o stress oxidativo e a produção de toxinas abre caminho a novas abordagens terapêuticas e preventivas:

1. **Antioxidantes**: A utilização de compostos antioxidantes pode ajudar a reduzir os efeitos deletérios do stress oxidativo. Estudos

demonstraram que a administração de antioxidantes pode reduzir a produção de toxinas e atenuar a inflamação, ajudando assim a prevenir doenças orais e neurológicas.

2. **Intervenções microbiológicas**: Os tratamentos destinados a modificar o microbioma oral, como a utilização de probióticos ou de agentes antimicrobianos específicos, podem impedir a colonização por **Streptococcus oral**. Ao restabelecer um equilíbrio microbiológico saudável, estas intervenções podem reduzir a incidência de doenças associadas a esta bactéria.
3. **Vacinas**: O desenvolvimento de vacinas que visam as toxinas específicas produzidas pelo **Streptococcus buccale** representa um avanço promissor na prevenção de infecções. Estas vacinas poderiam induzir uma resposta imunitária eficaz, protegendo o hospedeiro dos efeitos nocivos das toxinas.

Conclusão

Este capítulo explorou as consequências clínicas do stress oxidativo e das toxinas produzidas pelo **Streptococcus buccale**. As implicações para a saúde oral e neurológica realçam a importância de uma abordagem integrativa para a prevenção e tratamento de doenças associadas. Ao ter em conta as interações complexas entre estes factores, é possível desenvolver estratégias de prevenção e tratamento mais eficazes, melhorando assim a qualidade de vida dos indivíduos em causa.

Capítulo 8: Mecanismos de defesa contra o stress oxidativo em Streptococcus buccale e outras bactérias

Comparação dos sistemas de defesa

As bactérias, tal como os eucariotas, desenvolveram mecanismos sofisticados para lidar com o stress oxidativo, um fenómeno potencialmente destrutivo causado pela acumulação de espécies reactivas de oxigénio (ROS). Estes mecanismos incluem enzimas antioxidantes, moléculas de sinalização e vias metabólicas específicas.

Em **Streptococcus buccale**, a presença de superóxido dismutase (SOD) e de catalase é essencial para a decomposição dos ERO gerados pelo metabolismo celular e por factores ambientais, como a exposição a agentes oxidantes. A SOD converte o superóxido em peróxido de hidrogénio, que é depois degradado pela catalase. Esta capacidade de desintoxicação é comparável à observada nas células humanas, o que ilustra uma convergência evolutiva na luta contra o stress oxidativo.

Além disso, outros mecanismos, como a produção de moléculas antioxidantes e a modulação das vias de sinalização, permitem que **Streptococcus buccale** mantenha a sua integridade celular face à agressão oxidativa. Estas estratégias demonstram a complexidade das respostas bacterianas ao stress oxidativo e a sua capacidade de adaptação a diferentes ambientes.

Exemplos de outras bactérias

- **Escherichia coli**

A E. coli utiliza uma série de enzimas antioxidantes, incluindo a SOD e a catalase, para neutralizar os peróxidos. Esta bactéria é particularmente robusta em ambientes onde os níveis de oxigénio podem variar, tornando estas enzimas cruciais para a sua sobrevivência. Além disso, **a E. coli** pode sintetizar compostos como o glutatião, que ajuda a proteger contra as ERO e desempenha um papel na resposta ao stress.

- **Lactobacillus spp.**

As bactérias do ácido lático, como os **Lactobacillus spp.** presentes no microbiota humano, exploram antioxidantes como o ácido lático e o glutatião para manter o equilíbrio redox. A sua capacidade de produzir ácido durante a fermentação ajuda a criar um ambiente ácido desfavorável aos agentes patogénicos, oferecendo uma proteção adicional contra o stress oxidativo e a infeção.

- **Pseudomonas aeruginosa**

Conhecida pela sua virulência, **a Pseudomonas aeruginosa** produz pigmentos como a piocianina, que têm propriedades antioxidantes. Estes pigmentos desempenham um papel na proteção contra o stress oxidativo, contribuindo também para a patogenicidade desta bactéria. **A Pseudomonas aeruginosa** também utiliza mecanismos de deteção de quorum para modular a produção dos seus factores de virulência em resposta às condições ambientais, aumentando assim a sua sobrevivência e capacidade de causar infecções.

Impacto ambiental e clínico

Os mecanismos de defesa contra o stress oxidativo influenciam não só a sobrevivência das bactérias em ambientes hostis, mas também a sua interação com o hospedeiro. Por exemplo, a capacidade das bactérias para neutralizar o stress oxidativo pode afetar a sua virulência. As bactérias que conseguem evitar ou reparar os danos causados pelo stress oxidativo são frequentemente mais patogénicas. Este fenómeno é particularmente preocupante no contexto das infecções hospitalares, em que as estirpes resistentes aos antibióticos exploram estes mecanismos para escapar ao tratamento.

Além disso, estes mecanismos abrem caminho a potenciais abordagens terapêuticas. Visar os sistemas antioxidantes das bactérias pode tornar-se uma estratégia promissora para combater as infecções, nomeadamente através do desenvolvimento de medicamentos que inibam enzimas antioxidantes essenciais. Ao perturbar a capacidade das bactérias para gerir o stress oxidativo, pode ser possível aumentar a sua suscetibilidade a tratamentos antimicrobianos.

Conclusão

Este capítulo destacou a importância dos mecanismos de defesa contra o stress oxidativo em **Streptococcus buccale** e noutras bactérias. Ao compreender estes sistemas, podemos entender melhor o seu papel na patogenicidade e na resistência aos tratamentos. Este conhecimento é essencial para o desenvolvimento de novas estratégias terapêuticas que possam melhorar a gestão das infecções orais e outras patologias associadas.

Conclusão

Este livro analisa em profundidade a complexa relação entre o stress oxidativo e as toxinas produzidas pelo **Streptococcus buccale**, destacando o seu impacto na saúde oral e neurológica. Através de uma série de capítulos, abordámos vários aspectos desta questão, destacando vários pontos-chave que vale a pena resumir.

1. **Interação entre o stress oxidativo e a virulência**: demonstrámos que o stress oxidativo é um fator-chave na patogénese **do Streptococcus buccale**. Não só influencia a produção de toxinas, como também desempenha um papel crucial na adaptação da bactéria a um ambiente oral hostil. Os mecanismos de deteção e de resposta ao stress oxidativo permitem a esta bactéria otimizar as suas capacidades patogénicas, aumentando assim a sua virulência num contexto em que outros microrganismos poderiam falhar.
2. **Implicações clínicas**: As interações entre o stress oxidativo, as toxinas e as doenças orais e neurológicas têm consequências clínicas significativas. A presença de **Streptococcus buccale** na cavidade oral está associada a patologias como a cárie dentária, a gengivite e até a doenças neurodegenerativas. Esta compreensão abre o caminho para abordagens terapêuticas direcionadas, que poderiam não só tratar os sintomas, mas também combater os mecanismos subjacentes às doenças associadas.

3. **Importância da investigação futura**: Embora tenham sido feitos avanços significativos na nossa compreensão dos mecanismos de ação do **Streptococcus buccale**, ainda há muito por descobrir. É essencial mais investigação para elucidar o papel exato das suas toxinas e do stress oxidativo na patologia humana. Em particular, uma exploração das interações entre **o Streptococcus buccale**, o microbioma oral e o ambiente sistémico poderia revelar ligações críticas para a saúde.
4. **Abordagem multidisciplinar**: Finalmente, este estudo realça a importância de uma abordagem multidisciplinar, integrando a microbiologia, a neurologia e a imunologia. Esta abordagem é crucial para aprofundar a nossa compreensão dos efeitos do **Streptococcus buccale** na saúde humana e para desenvolver soluções preventivas e terapêuticas eficazes. Ao combinar os conhecimentos de diferentes disciplinas, podemos compreender melhor as interações complexas entre os factores microbiológicos e as respostas imunitárias.

Em suma, este livro apela a um empenho contínuo na investigação **do Streptococcus oral**, salientando a importância de explorar estas relações para melhorar a prevenção e o tratamento das infecções orais e as suas implicações sistémicas. Esperamos que esta exploração ajude a informar futuras investigações e a estimular inovações que possam ter um impacto significativo na saúde pública.

Léxico

- **Stress oxidativo**: um desequilíbrio entre as ERO e os sistemas antioxidantes.
- **Espécies reactivas de oxigénio (ROS)**: Moléculas instáveis que podem danificar as células.
- **Bactérias Gram-positivas**: Bactérias que retêm o corante violeta durante a coloração de Gram.
- **Respiração celular**: Processo pelo qual as células produzem energia, frequentemente acompanhado pela produção de ERO.
- **Fermentação**: metabolismo anaeróbico dos hidratos de carbono, resultando também na produção de ROS.
- **Homeostasia**: Um estado de equilíbrio estável nos processos biológicos.
- **Stress oxidativo**: Um estado de equilíbrio perturbado entre a produção de espécies reactivas de oxigénio (ROS) e a capacidade antioxidante da célula, levando a danos celulares.
- **Streptococcus buccale**: bactéria Gram-positiva, comum na flora oral humana, conhecida pelo seu papel nas infecções orais.
- **Superóxido dismutase (SOD)**: Enzima que catalisa a conversão do superóxido em peróxido de hidrogénio, protegendo as células dos danos oxidativos.

- **Peróxido de hidrogénio (H_2O_2)**: Produto intermediário formado durante a dismutação do superóxido, potencialmente tóxico em altas concentrações.
- **Glutatião peroxidase (GPx)**: Enzima que utiliza o glutatião para reduzir os peróxidos, contribuindo para a proteção celular.
- **Metalotioneínas**: Proteínas capazes de ligar iões metálicos e de atuar como antioxidantes.
- **Stress oxidativo:** um estado de aumento das espécies reactivas de oxigénio (ERO) nas células, que conduz a danos celulares.
- **Streptococcus buccale**: bactéria Gram-positiva encontrada na cavidade oral, associada a várias infecções.
- **Barreira hemato-encefálica (BBB)**: barreira protetora que regula a passagem de substâncias entre o sangue e o sistema nervoso central.
- **Neurotoxicidade**: Toxicidade com efeitos nocivos nos neurónios e no tecido nervoso.
- **Inflamação**: Reação do sistema imunitário à agressão, frequentemente associada a dor e vermelhidão.
- **Círculo vicioso**: Uma situação em que um problema é agravado pelos efeitos de uma solução ou condição anterior.
- **Factores de transcrição**: Proteínas que regulam a expressão genética através da ligação a sequências específicas de ADN.

- **Virulência**: A capacidade de um agente patogénico causar doenças.
- **Evasão imunitária**: mecanismo pelo qual um agente patogénico escapa ao reconhecimento ou à destruição pelo sistema imunitário.
- **Microbioma**: Todos os microrganismos que vivem num ambiente específico, incluindo a cavidade oral.
- **Cárie dentária**: Danos nos tecidos dentários causados por ácidos produzidos por bactérias.
- **Gengivite**: Inflamação das gengivas, frequentemente causada por uma infeção bacteriana.
- **Periodontite**: Doença inflamatória grave que afecta os tecidos que suportam os dentes e que pode levar à sua perda.
- **Neurodegenerativas**: Doenças que levam à degeneração e morte dos neurónios.
- **Biofilmes**: Comunidades de microrganismos ligados a superfícies, frequentemente protegidas por uma matriz extracelular.
- **Espécies reactivas de oxigénio (ROS)**: Moléculas instáveis derivadas do oxigénio que podem danificar as células, as proteínas e o ADN.
- **Superóxido dismutase (SOD)**: Enzima que catalisa a conversão do superóxido em peróxido de hidrogénio.
- **Catalase**: Enzima que decompõe o peróxido de hidrogénio em água e oxigénio.

- **Antioxidantes** : Substâncias que neutralizam os radicais livres e protegem as células contra o stress oxidativo.
- **Metabolismo**: Todas as reacções químicas que ocorrem nas células para manter a vida.
- **Patogenicidade**: a capacidade de um microrganismo causar uma doença.

Referências

1. Halliwell, B., & Gutteridge, J. M. C. (2015). Radicais livres em biologia e medicina. Oxford University Press.
2. Marsh, P. D. (1994). Microbiologia da placa dentária e o seu papel na doença oral. *Jornal de Periodontologia Clínica*, 21(6), 411-430.
3. Rhee, S. G. (2011). Sinalização celular. *H2O2, um ator-chave na resposta ao stress oxidativo. Nature*, 475, 293-294.
4. Imlay, J. A. (2003). Pathways of oxidative damage. *Revisão Anual de Microbiologia*, 57, 395-418.
5. Fridovich, I. (1997). Superóxido dismutases. *Annual Review of Biochemistry*, 66(1), 97-112. doi:10.1146/annurev.biochem.66.1.97
6. Halliwell, B., & Gutteridge, J. M. C. (2015). *Radicais livres em biologia e medicina*. Oxford University Press.
7. O'Donnell, V. B., & Murphy, M. P. (2013). Antioxidantes: Uma chave para entender o papel das espécies reativas na saúde e na doença. *Nature Reviews Molecular Cell Biology*, 14(3), 134-145. doi:10.1038/nrm3448
8. Imlay, J. A. (2003). Pathways of oxidative damage. *Annual Review of Microbiology*, 57, 395-418. doi:10.1146/annurev.micro.57.030502.090159

9. Berg, J. M., Tymoczko, J. L., & Stryer, L. (2002). *Biochemistry*. W.H. Freeman and Company.
10. Parnham, M. J., et al. (2014). "Estresse oxidativo e neurodegeneração". *Neuroscience & Biobehavioral Reviews*, 45, 345-360.
11. Wang, X., et al. (2019). "Mecanismos de neuroinflamação induzida por estreptococos". *Jornal de Neuroinflamação*, 16(1), 100.
12. McEwen, B. S. (2008). "Stress, Adaptation, and Disease" (Stress, adaptação e doença). *American Journal of Psychiatry*, 165(3), 331-343.
13. Watanabe, T., et al. (2020). "Mecanismos patogênicos de Streptococcus buccale". *Fronteiras em Microbiologia*, 11, 1234.
14. Haghikia, A., et al. (2016). "O papel do estresse oxidativo na neurodegeneração". *Nature Reviews Neuroscience*, 17(12), 797-810.
15. Fuchs, B. B., & Mylonakis, E. (2009). "O Papel das Toxinas na Patogénese das Infecções Bacterianas". *Nature Reviews Microbiology*, 7(2), 103-114.
16. Chatzidimitriou, D., et al. (2020). "Estresse oxidativo e seu papel na patogênese bacteriana". *Fronteiras em Microbiologia*, 11, 237.

17. Nascimento, G. F., et al. (2018). "O papel das toxinas bacterianas na evasão imunológica". *Opinião Atual em Microbiologia*, 41, 56-61.

18. Pincus, S. H., et al. (2017). "Interação entre o estresse oxidativo e a virulência bacteriana". *Infeção e imunidade*, 85 (5), e00023-17.

19. Lichtenstein, S. J., & Regan, T. (2018). "Respostas de estresse bacteriano e virulência". *Revisões de Microbiologia Clínica*, 31 (3), e00022-17.

20. Haffajee, A. D., & Socransky, S. S. (2004). "Complexos microbianos na placa subgengival". *Periodontologia 2000*, 38(1), 36-58.

21. Kassebaum, N. J., et al. (2017). "Prevalência global, regional e nacional e anos vividos com incapacidade para condições orais". *Journal of Dental Research*, 96(4), 380-387.

22. Frazier, W. C., et al. (2019). "Estresse oxidativo em distúrbios neurológicos". *Fronteiras em Neurologia*, 10, 1-9.

23. Dominy, S. S., et al. (2019). "Infeção oral: um novo fator de risco para neurodegeneração". *Alzheimer's & Dementia*, 15(1), 124-133.

24. Khemiri, A., et al. (2021). "Antioxidantes como terapêutica contra infecções bacterianas". *Química Medicinal Atual*, 28(12), 2441-2461.

25. Halliwell, B., & Gutteridge, J. M. C. (2015). *Radicais livres em biologia e medicina*. Oxford University Press.

26. Imlay, J. A. (2013). "Os mecanismos moleculares e as consequências fisiológicas do estresse oxidativo". *Nature Reviews Microbiology*, 11(9), 615-627.

27. Wasilenko, J., & Miller, R. S. (2014). "Papel dos antioxidantes na formação de biofilme de Streptococcus mutans". *Jornal de Microbiologia e Biotecnologia*, 24(4), 502-510.

28. Slauch, J. M. (2011). "Como funciona o sistema SoxRS". *Revisão Anual de Microbiologia*, 65, 223-240.

29. Fridovich, I. (1997). "Superóxido Dismutase". *Revisão Anual de Bioquímica*, 66, 97-112.

30. Cundliffe, E. (2000) "Antibiotic Production by Streptomyces". *Revisão Anual de Microbiologia*, 54(1), 413-438.

MIX
Papier aus verantwortungsvollen Quellen
Paper from responsible sources
FSC® C105338

Printed by Books on Demand GmbH, Norderstedt / Germany